给孩子讲述
原子

〔法〕让 - 马克·列维 - 勒布隆 著

骛龙 译

U0352785

L'atome expliqué
à mes petits-enfants

Jean-Marc Lévy-Leblond

人民文学出版社
PEOPLE'S LITERATURE PUBLISHING HOUSE

著作权合同登记号　图字 01 - 2023 - 3855

Jean-Marc Lévy-Leblond
L'atome expliqué à mes petits-enfants
© Éditions du Seuil，2016

图书在版编目(CIP)数据

给孩子讲述原子 / （法）让-马克·列维-勒布隆著；
鹜龙译. -- 北京：人民文学出版社，2024. -- ISBN
978-7-02-019022-5

Ⅰ. O562-49

中国国家版本馆 CIP 数据核字第 202420JB40 号

责任编辑　李　娜　张玉贞
装帧设计　李苗苗

出版发行　**人民文学出版社**
社　　址　北京市朝内大街 166 号
邮　　编　100705

印　　刷　杭州钱江彩色印务有限公司
经　　销　全国新华书店等

字　　数　62 千字
开　　本　889 毫米 * 1194 毫米　1/32
印　　张　5
版　　次　2024 年 9 月北京第 1 版
印　　次　2024 年 9 月第 1 次印刷

书　　号　978-7-02-019022-5
定　　价　45.00 元

如有印装质量问题，请与本社图书销售中心调换。电话:010 - 65233595

谨以此书献给西蒙、路易、里奥、阿纳托尔、柯莱拉、艾玛、伊思多尔、诺亚、露丝、苏珊、约瑟夫和保罗

目　录

给你猜个谜语：物理学家最喜欢哪种奶酪？

一点儿头绪都没有。

托姆奶酪！①

啊，当然啦。但他们还喜欢另一种：夸克！

夸克是什么？

———————————

① 本句原文"La tome"（托姆奶酪）与"L'atome"（原子）读音相同。

是一种我们能在德国找到的奶酪，它也是一种物质的基本粒子的名字。

那这种粒子有什么特别之处吗？

我一会儿解释给你听，让我们首先回到原子和原子的结构吧。你准备好去原子的世界游览一番了吗？

准备好啦！我很想了解它们。初中的时候老师跟我们提过，不过说得太快了，例如我还没弄明白化学上的原子与原子弹和核电站的原子能之间的关系。

你的疑惑非常合理，因为"原子"与"原子的"这些词有好几层含义，这就带来了许多混淆的地方。并且，通常所说的原子能实际上与化学上所说的狭义的原子并没有太大的关系。

先跟我说说原子吧。我猜,就像之前你想给我解释一个概念那样,你一定要跟我解释这个词的历史吧?

对啦,因为如果想要避免混淆概念,我们是不能跳过这一步的。

这么说来,关于原子的想法和原子这个词,是从什么时候开始的?来自哪里?这一次又要上溯到古希腊了吗?

说得没错。就像你知道的那样,在西方文明里,是希腊人首先对世界的本质展开深入的理论思考的。

这些思考不是哲学,而是科学吧?

实际上,在希腊人的思想里没有真正地区分

二者，好比"物理"这个词来自希腊语 phusis，而 phusis 的意思就是普遍意义上的大自然。哲学与科学的区分也是逐渐出现的，一直到 17 世纪的科学革命，这一学科体系才正式确立。你想起来我们之前的对话了吗？

是啊，是啊，不如我们先回到原子的话题？

希腊思想家们有一个关于物质组成的疑问。我们每天都能观察到极其多样的、组成事物的要素：水、木头、铁和广义的金属、塑料、空气和其他气体、各种石头。你看看周围，能认出来几种其他的要素吗？

玻璃、羊毛、纸、动物的躯干，还有……

不错，我们可以不停地说下去。在这个扩展的序列中，我们想给他们理一理顺序。当我们看见可以把几种材料组合起来变成新的材料的时候——好比我们做菜那样——就会冒出一个自然的想法，那就是设想这些不计其数的自然物质是由几种基本要素组成的。

从四元素到原子

对啦，这些就是大家都知道的四元素吗？

不过，它们是许多希腊思想家采用的答案：土、水、火、气，它们实际上是基本成分，我们可以用它们造出任何东西。

但我看不出来能用水和火造些什么……

观察得很对。所以说，不应当把四元素与四元素名称表示的具体物质等同起来。我们所说的都是理想的物质，它们代表着基本的属性：干、湿、热、冷，不同的组合能变成这样或那样的属性。

有了这四种属性，我们真能解释无论哪一种属性吗？

在普遍的层面上是可以的，然而我们想进入细节层面的时候，就不是特别行得通了，譬如解释为什么油可燃而水不可燃，为什么水银既是金属又是液体，诸如此类问题。还有另一个基本问题，它让我们有了一个差不多的想法。

真的吗？什么想法？就是原子的想法吗？

是的，我们马上就要说到了。你看，拿着这颗糖，把它砸碎。

好的。

现在，选一个碎片，再把它砸碎。

用手指弄可没那么容易！

你用这个小锤子试试。

好啦。我猜你要让我选一个碎片再继续？

正是如此。试试看，告诉我你能进行到哪一步？

试不了几次，因为很快就只剩下类似粉末的东西了，如果我把它们弄碎的话，这些碎片就会变得太小而看不见。

试想一下，你的手指和小锤子变得更精细了，并且你现在正在显微镜下观察你的操作。

嗯……把它分到一个糖的原子的时候，我就该停手了，不是吗？

是的。你拿到的只不过是一个分子。但你知道的太多了，又知道存在原子，你知道的原子与物理学家和化学家知道的一样，哪怕你现在对它的性质知道得还不多。然而希腊人提出的问题，正是想弄清楚，从原理的角度出发，物质能不能被无限地分下去。也可以这么问，物质的本质是连续的、完完全全地流动的，还是不连续的、由微粒组成的？你怎么看？

我还是觉得物质应该是由"物质的微粒"组成的，但是细细思考的话，对啊，为什么它不能是连续的呢？

那么，古希腊的思想家们找到一个有趣的证伪方法。假设我们可以无限地把一种物质分下去，得到的碎片越来越小，得到的粉尘越来越细、越来越摸不出来。你是否承认，物质的碎片越小，让它从其余整体上分离所需要的功夫就越少？

是的。无论如何，貌似挺合乎逻辑。

那么，你觉得我用手机轻轻地掠过这个物体，就能带下来一些非常小的碎片吗？

对，而且如果我朝它上面吹气的话，还能吹起来更小的碎片呢。

这可不是我让你说的。你看，无论是哪种动作，不管它多么细微，无论是吹来一阵风，还是一粒灰尘的碰撞，都会引发物体的损耗。那么，为何这些物体能够保持完整，为什么它们不会迅速化为灰尘？这就让一些古希腊的思想家猜测物质并不能够无限地分下去，他们猜测切分的过程最终会碰到一个终极的、不可切分的单位，就像最基本的砖头一样。

就是原子！对啦，我想起来老师跟我们解释说，希腊语里的 atomos 正是"无法切分"的意思。

确实如此，因为 tomos 的意思是"切下的碎片"，前面加上了希腊语中表示否定的前缀 a-。注意，你还能在"tomes"这个表示很厚的书、词典等一部分的词里找到词根 tomè，意思是"切分"。

啊，我们之前说到的谜语，我们把奶酪叫做 tome 是因为我们可以切它？

你还记着哪！我倒不这么认为。因为这个词还有 tomme 的写法。来，我们一起在网上找一下词根。有了，"从古普罗旺斯语 toma 而来，在通俗拉丁语中是 toma，意为含油的奶酪"。没什么联系。我们现在来说说原子。狭义上，它是一个没有损耗、无法折断、不可分割的物体，至少对古希腊的原子物理学家是这样，他们中有留基伯、德谟克利特（AEC 5 世纪），伊壁鸠鲁（AEC 4 世纪）……

《物性论》

AEC 是什么意思？

"公共纪元之前"，相当于"耶稣基督之前"，这种说法或许有些强调语言的纯粹，不过能让我们"不会无故提起主的名字"，就像《圣经》的圣训所劝导的那样，这个名称不会把耶稣的名字强加于亿万对于他们来说耶稣并不代表什么的人。

你知道，无论如何，这些名字和日期，我没法全部记下来的！

话别说得太早，我倒有些怀疑你的想法。如果说我把这些名字和日期都告诉你，不是为了让你记住太多的东西，倒是为了让你领悟科学如同人类其他的伟大征途，有其历史亦有其创造者……也就是留基伯、德谟克利特和伊壁鸠鲁。然而他们的文字现存不多，得益于伟大的拉丁诗人卢克莱修，我们才可以了解他们的想法。他在著名的诗作《物性论》中写到了原子论。将来，你一定会读到这部伟大的作品。对这些原子物理学家而言，设想"物质是由这些终极元素组成的"就能够解释为什么物质不会一直被损耗，也不会一点点消失了。并且，这些原子与普通物质具备不同的本质，也不会像四大元素那样招来质疑，因为四大元素与他们同名的日常物质过于相似。

那他们设想了多少种不同的原子呢？这些原子有什么不同呢？

这些原子中的每一类，主要根据其几何形状不同，与其他种类区分开。至于多少种，古代的原子物理学家可从来没说过。不过我们不会在这个最初的历史阶段耽误太多的时间。

好，何况我现在有些疑惑，因为我们在初中课堂上学到原子有一个原子核，原子核的周围都是电子，所以原子不是基本单位，而且可以被分为不同的组成单位。

是的，我在后面会说到这一点。"原子"作为物质基本单位的抽象概念，与物理学和化学上的原子不能混为一谈，物理学与化学上原子的命名是在19世纪，当时人们认为它不能再被分割了。历史的讽刺在于，直到19世纪末，科学家们才一致同意确实存在原子，但仅仅几年之后人们就发现了原子的复合构成！从某个角度来说，他们的命名实际上是被盗用了。

然而存在"真正的"原子，存在真正的不可分割的粒子，不是吗？例如非常有名的夸克？

这么说的话，我们对夸克仍然一无所知。基础物理研究的主要目标之一，正是在于研究物质的组成单位，并思考这些我们在更细微的尺度上找到的粒子是不是真正的基本粒子，以及在何种程度上的基本粒子。我们一会儿还会谈到。

原子与教会

如果我们回到历史，为什么古代的原子理论一直到 19 世纪才被科学接受呢？

你知道，一直到文艺复兴之前，天主教会几乎是欧洲思想的唯一。教会的神学家们接受了——甚至改动了——伟大的古希腊哲学家亚里士多德（公元前 4 世纪）的观念，而亚里士多德一直被视为是绝对权威。出于哲学上的原因，他严厉地批评了原子论。

为什么呢？

有许多原因，其中之一是原子存在的前提是存在原子被认为在其中移动的空，而亚里士多德非常排斥空的观念。并且，在中世纪，原子论给天主教会的宗教信仰造成了非常可怕的冲击。

科学与宗教又有什么关系呢？

它们之间的关系可比你想的近多了，最简单的原因在于科学是一种无法挣脱社会观念与信仰带来的——无论积极或消极——影响的社会活动。

我同意，可你说得再具体一些：神学和原子之间又有什么关系呢？

一会儿你就能明白。就算不是天主教徒，你也知道信徒们做弥撒的时候会领圣体，也就是纪念最后的晚餐，这最后的晚餐据说是耶稣和他十个使徒最后的晚餐，他们享用着葡萄酒和面包（实际上是圣餐饼），葡萄酒和面包也被当作是耶稣的圣体与圣血。

你的意思是"代表着耶稣的圣体与圣血"？

不，不，我说的是"是"，起码在领圣体的时候"变成"了。这是天主教最为神秘的教义之一，我们把它称作圣餐变体：这是一种真正的、不仅仅具备象征意义的，从酒和面包到肉与血的变体。

这么说来，天主教徒都在"吃人"啦？

更甚，他们还"吃神"呢！先别忙着神学的辩论。我只是想让你知道原子理论对圣餐变体提出的严重问题。

我明白了：如果酒和面包是由酒原子和面包原子构成的，这些原子是终极的微粒，也不会发生任何变化，那么它们是如何变成血的原子和肉的原子呢？

正是问题所在。再说到教会，它对欧洲理论思想的钳制一直持续到文艺复兴前后，它把原子论当做是真正的异教学说。如果说第一批现代物理学家，譬如伽利略、伽桑狄与笛卡尔等人接受了原子论的设想，接受的过程则是逐步推进、十分审慎的。

物理学如何接受原子

好，现在终于可以讨论科学了，物理学家是如何让自己相信原子的存在的呢？

有一个最初的原因，是出于方便。现代物理学发端于 17 世纪，彼时的伽利略、笛卡尔、惠更斯与牛顿等人建立了一套体系，这个体系可以描述与理解物体的运动，他们首先研究了点状物体的运动，这些物体的大小可以忽略不计，或是我们可以把物体运动近似地认为是点状物体的运动。于是，科学家们得以分析抛体运动（可别忘了战争在科学发展中的地位！）与星体运动。从根本上来说，这种物理学是一种关于不连续的物理学。理解、哪怕是开始描述连续的流体的内部、水中的波浪或旋涡却难得多——你可以想象出来！也就很自然地把一个看上去连续的物理对象认为是由基本粒子组成，并用力学法确定它们的集体运动。我说的"物理对象"，不仅仅是普通意义上的物质对象，比如石子与水。光也一样，哪怕它看起来不可触知，它也可以被看作是由小的微粒组成的。正是基于此，先是笛卡尔，然后是牛顿，提出了他们的光学理论——即便有些逻辑缺陷。原子的构想，或是按照当时的说法是原子假设，逐渐变成一种前提。这个思想脉络一直延续到19世纪——我们可以说出当时一些物理学家的名字，如麦克斯韦、玻尔兹曼、威廉·汤姆森（开尔文男爵）——一直发展出我们所说的统计力学，统计力学对热力学现象给出了让人满意的解释。

"热力学"？

热力学"thermodynamique"（来自希腊语，

22

thermos，"热的"；dynamis，"力量"），是物理学的一个分支学科，研究热温度对物体特性产生的影响：例如，气体加热后变得更轻，或是液体的问题达到临界点开始沸腾——总之，这些日常的现象你每天在厨房里都能看到。我们之所以能理解这些现象，是因为承认它们都是由或快或慢地运动中的原子组成的。由于这些原子数量极多，我们不能单独地研究单个原子，只能通过统计学的方法研究它们的运动——这就是统计力学名字的由来。基于此，譬如一个物体的温度被解释为物体原子无规则运动产生的能量——它们的运动叫做"热运动"。这个概念使得我们从原子构成的角度理解物质的行为。

比如说呢？

假设一种液体，就说是一口盛满了水的锅吧。如果你给锅加热，会发生什么？

锅的温度就会升高，不是吗？

是，那然后呢？

然后水就会沸腾。

沸腾代表着什么呢？

代表着液体变成蒸汽逃逸了。有什么能够解释这种变化呢？为什么随着温度的升高，水不会一直保持液体的状态呢？

正是如此。在液体中，原子或者说是水中的分子之间间隔很近，因为分子之间有一种相互作用的作用力，如果加热到一定程度，从某一个温度开始，分子热运动能量足够它们摆脱相互间作用力，从而从液体逃逸并单独地运动：这时候，液体就变成气体了！

我也是这么想的，不过这个理论有些模糊，没比古代原子物理学家的推进多少。

你说得完全正确，不过应当说，统计力学精确地再现了物理学家确立的量化法则，这些物理学家从17世纪末到19世纪初研究了气体，例如他们研究了某一给定质量的气体其压强、体积与温度之间的关系（在这些物理学家中，有盖-吕萨克与瑞欧莫，你应该听到过以他们名字命名的巴黎街道）。这个决定性的进展让原子的假设一跃成为真正的理论。话虽这么说，科学的历史不像政治的历史那样是线性的、具备必然联系的，一直到19世纪末，杰出的物理学家们仍然认为原子是一种出于方便的虚构，拒绝承认原子是真正的、有形的存在。

关于原子的特性，原子理论什么都没说吗？

说了呀，准确地说，是说了一些使得原子理论正式确立的内容。这伟大的一步就是阿伏伽德罗–安培法则……

是跟电有关的法则的那位安培吗？

正是此人，他是一位19世纪初法国的天才科学家，还是自学成才。阿伏伽德罗则是与他同时代的意大利物理学家。1811年，他们同时间提出了一个法则，也就是在相同的压强与温度下，某一体积的气体包含某一数目的原子（我们一会儿就会明白这里应该说分子），这个数目不会根据原子（或分子）的性质而改变，尤其不会根据它的质量而改变。换句话说，不论研究哪一种气体，同样的体积总是包含相同数目的分子。我们还可以说，在一定体积内气体的压强仅由分子的持续无规则运动确定，这种运动产生的能量与温度直接相关。

那这个法则是怎么提出来的呢？

是根据他们之前对于气体密度的研究得来的。

如果某个体积的气体中的原子数量跟原子的性质无关，这个法则关于原子的特性能告诉我们什么呢？

告诉我们这个情况有巧妙的矛盾之处！这个体积中的原子数量不取决于原子的质量，但是气体的总重量却取决于原子的质量，因为气体的总重量等于每个原子重量与原子数目之积。这样一来，你就通过相同体积、不同气体的重量比（相同压强与温度下），可以得到原子质量（或分子）之比了！这就是为什么阿伏伽德罗能印证氧气分子和氮气分子分别是氢气分子质量的大约 14 倍与 12 倍。他的结果还不错，因为我们知道正确的质量比分别是 16 倍和 14 倍。

分　子

可能现在你要跟我说一下原子和分子之间的区分了，以及这个区分是如何出现的？

应该回到化学的领域，因为化学研究物质之间的合成关系。具体的细节我就不说了，但在 18 世纪，人们意识到有些物质可以一直被分解到被称为不可再分的"单质"。从原子的角度，这些单质都是由相同的原子构成的，然而组成这些化合物的都是不同原子或复杂或简单的组合，我们把这个组成部分叫做分子。

这个有点儿"疯子"的名字……是从哪儿来的？

好吧，你已经发现了 -cule 这个词尾（别再乱玩文字游戏啦!）是一个缩写，就像在 particule，corpuscule，minuscule 和 tubercule 等单词中都有。词根 mol- 来源于拉丁语 moles，意思是一堆物质，它在法语中有 meule，molaire，môle 等词。我相信，你一定认识分子这个词?

当然啦：水分子，有两个氢原子和一个氧原子。我们才把他写成 H_2O，叫做 H-2-O。

不错。不过注意，单质也可以由相同原子构成。

这我也知道：氢气是由两个氢原子构成的分子组成的，写成 H_2，所以我们才说二氢。氧气也是同样的道理。

不过就氧气来说，还有三氧，它非常重要，还有另外一个名字，你知道吗？

臭氧，是在大气层里破洞的那一层吗？

不是臭氧层"破洞"，而是来源于工业的气体通过不同的化学反应破坏了大气层中的臭氧，臭氧在大气中含量极低，臭氧层的位置大约在海拔 20 到 50 千米。我们把所有臭氧含量降低的区域叫做"漏洞"，这个说话是有些不妥。

那为什么这个现象如此严重呢？它们就在我们头顶上，不管怎么说我们呼吸的是氧气而不是臭氧，何况我还读到说臭氧对环境有害呢。

这是因为平流层中的臭氧，即便非常之薄，也构成了一道良好屏障，能够吸收太阳光中的紫外辐射。

那不同种类的原子，我们现已知道的有多少种呀？

比一百种多一点儿，相比于它们能够组成的分子数量，这个数量算不上多。就像乐高玩具一样：用几十种不同的部件，你差不多能搭出各种各样的东西。

对啦，我最近在电视上看到乐高积木的世界纪录，是在米兰世博会上搭建了一座35米高的塔，用了超过60万的部件。我也想帮他们搭一搭呢！

这样的话，那你长大了要学化学，那样就可以搭建巨型分子，还有大分子，这些分子大约有几百万个甚至几十亿个原子，就像你的细胞里的DNA分子一样。

哇哦！

最让人叹为观止的不只是我们在一个分子中可以发现的原子数量，而是分子的种类之多让人难以置信，不论大小，他们都是由一百多种原子组成的。我们对现今发现的分子有一个目录表，无论他们是天然的分子还是人造的分子。大约有两亿种分子记录在册，每天新增加的分子大约有一万五千种之多！想想所有的事物，也就是你周围的、构成你的一切，呼吸的空气、喝下的苏打水、牛仔裤的布料、身体的细胞，甚至地球自身、遥远的星体，都是由这一百多种原子组成的！

那地球之外的原子呢？

等等，我想可以通过不同的方法分析身边的物体，然后列出组成这个物体的原子的清单，然后发现大约只有一百多种原子。但怎么能确定其他的星球，其他的星星和星系没有其他的原子呢？也许外星人知道一些我们不认识的原子呢？

非常好的问题，也是个很难解决的问题。实际上，对于"其他种类的物质"而言，今天的物理学家正在思考宇宙物质组成本质是不是他们所谓的"暗物质"，这么说是因为他们看不见暗物质，对暗物质所知甚少——甚至不知道它存不存在！我希望过几年能听你谈谈这个问题。就其他星球和星星而言，大思想家奥古斯特·孔德在 1829 年推断，由于不能接触这些物质，所以我们永远不能认识他们的性质。然而今天，我们对组成星球的物质有了不少的认识。

是的，我们去了月亮、火星、金星，还有 Tchoury 彗星，我们发现它们与地球的组成一样。但就我知道的而言，人类从未去过其他的星星上带回样本进行分析吧？

不需要等到 20 世纪末空间探测器在星球表面获取样品从而分析他们的物质组成。这些星球发出的光就能让我们弄清楚他们的组成了。

怎么可能呢？我知道，不论是裸眼还是用望远镜，行星的颜色都有些不同，火星偏红，土星发灰；行星也一样，天狼星微蓝，心宿二是红色的——我还记得美丽的天鹅座 β，它的双星，一颗呈橙色，一颗呈翠绿。光看颜色倒对了解他们的组成没什么帮助。

实际上，我们应当更加细致地研究这个星体发出的光，把这些光拆解，做成天体的"光谱"，就是不同频率的光的分布，也可以说是，组成这个光的不同颜色的比重。

就像彩虹一样？或者用棱镜那样？

就是这样。我们所说的光谱学分析能够找出一些原子的标记，正是这些原子发出了这些光。你还记得在有些用黄灯照明的通道里都看到了什么吗？

嗯，你让我看到了所有的东西都像是黄色，或者发黄。你还跟我解释这是由于灯的性质所致，这些灯的光都是钠蒸汽发出来的，是一种接近纯黄的颜色。

正是如此。如果分析一个天体的光谱，你会发现相同的黄色，那你就能断定这个星星上面有钠了。从更广的角度来说，每个元素都有独特的谱线，通过谱线就能把它们认出来了。

太神奇了！那人们从什么时候开始做这种观测的呢？

从 19 世纪的后 30 年，你看，这事开始得挺早的。

所以说，人们从来没有在天体的光谱上观测到一些谱线，而这些谱线不属于任何已经在地球上发现的元素吗？

当然有了，这还有一段故事。1868 年，法国天文学家朱尔·让森在太阳的光谱中观测到了一种谱线，这种谱线与当时已经发现的任何原子都对不上。人们推测在太阳上存在一种新的元素，于是把它命名为 hélium，来自希腊语 helios，意思是"太阳"。但是，19 世纪末，英国物理学家瑞利男爵发现在化学处理一些矿石时的气体所发出的光有氦的谱线。这个发现极好地相互印证了地球上物质与宇宙中物质组成的同一性。历史上更有意思的是，氦其实是宇宙中第二多的元素，仅仅排在氢之后，它的作用非常关键，不仅仅在天体物理方面，在现代技术方面，从最有趣的……

是，我想起来了，大家在我过生日的时候用氦气充气球，还在河边放飞！

……到最可怕的都有，譬如氢弹。你看，我还记得你让我跟你说说"原子"（实际上是错误的说法）武器，不过要等一会儿再告诉你。

如何给原子分类？

我还想了解一下这一百多种原子。数量已经不少了。我们已经找到了给他们分类的方法了吗？

这正是 19 世纪化学家们一直致力探索的工作。首先，由于可以比较原子的质量，就像刚刚提到的，化学家们最开始按照从轻到重给原子排序。他们发现氢是最轻的，然后是氦，然后是用于电池的锂，然后是最轻的金属铍，然后是硼，接下来就是你认识的元素了，因为他们组成了大部分的分子：碳、氮、氧。如果我按这个次序排下去就说不完了，你在门捷列夫的表里能够发现我马上要告诉你的分类方法（表1）。这个表是俄国化学家门捷列夫在 1869 年创造的，它可以给所有的原子分类。人们逐渐发现，同一族的原子具备相似的化学形式，也就是说它们可以彼此取代从而组成类似的分子。例如，硫和氧是同一族的元素，那么 H_2S 就可以同 H_2O 一样存在。硫化氢分子有臭鸡蛋的味道，因为分解有机物的过程经常伴随着释放硫化氢。

那它和水的性质完全不同了？我不明白了……

注意，我没告诉你这些类似的分子具备相通的性质，它们仅仅具备相同的结构。即便如此，水仍然非常特殊，因为在其他情况下，类似的分子具备可比的性质。最简单的例子，应该是有一族被称为"惰性气体"的元素，这些元素里你可能听过氖的名字，其中最轻的是氦。

为什么"稀有"？哪里都能见到氖！

表1 元素周期表

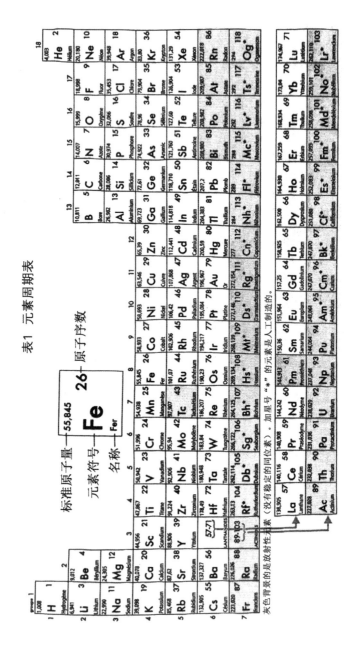

灰色背景的是放射性元素（没有稳定的同位素）。加星号"*"的是人工制造的。

因为大部分稀有气体在空气中都能找到，相比主要成分，也就是你知道的氧气和氮气，它们的比例非常小。此外，这些气体的原子都有一种主要的特性，让我说的话，它们的特性就是没有特性。

这个不好笑的笑话是什么意思？

我想说的是，这些原子十分懒惰，不与其他原子发生反应。所以它们也不会形成化合物，甚至这些原子之间也不会联结在一起。

说到这儿，如果我没理解错的话，那么就是说这些原子也就是它们的气体分子了？所以说没有双氦的说法？

没错。

那么，这个著名的表格又是怎么回事？

发现了每一族的原子具备非常相似的性质，那么画一张表格、把同一族的元素画在同一竖行、每一行按照它们的质量从小到大排列也就再自然不过了。你也可以用相同的方法给乐高的部件画一张表格，每一竖行的部件有相同数目的凸粒，每一横排都是相同颜色的部件。这正是门捷列夫在 1869 年做的事情，他的工作为理解原子世界做出了巨大贡献。

但是你跟我说直到 19 世纪末才发现氦。门捷列夫应该没把它放进表格里吧？

是的，但是这张表最大的贡献，或许在于在最初的表格里留下了一些空格。门捷列夫大胆地认为这些空格对应着仍未被发现的元素，这些空缺的位置指出了对应原子的主要特征。在他提出表格的后几年，化学家们的工作不断印证了他说的十分在理：表上所有的空格都被相继发现的对应元素填满，人们也没有发现表格之外的元素。门捷列夫发明了一套完整的原子分类方法。我们一起看看门捷列夫表，光是看看你都会觉得很有趣。

这么说来，首先最让我吃惊的，是这些奇怪的名字和元素之间的差别。元素是如何命名的？这些名称又是从哪里来的？

跟你解释完这118个元素，差不多要跟你讲完化学与核物理的历史了！其中一些元素，尤其是金属元素，名字都非常老：铁、铜、金、铅，等等，因为我们在发现其他元素之间，认识这些金属的时间已经非常久了。有一些元素是在18世纪末被发现、命名的。1781年，氢的命名来源于希腊词根hydro，因为它可以生成水。同样，同时代的拉瓦锡在命名氧的时候——错误地——认为它可以生成酸（希腊语中的 oxus）。有一些元素的名字与他们的颜色有关，氯来自希腊语 khlôros，表示绿色；铱来自拉丁语 iridis，彩虹的意思，因为这个元素的盐呈不同的颜色。有些元素取名于神话：钽、铌、钍、钒。最晚发现一些元素名字里都有发现者的祖国：钋（玛丽·居里命名的！）、钫、锗、镅、镍；有些是城市名：镥、锫、镆。还有不少最近发现的元素，基本上都是人工合成的，他们的名字向化学和原子物理历史上的伟人致敬：锔、铍、镄、镧——当然了，还有钔。你能从元素的命名中学到许多科学史，探究名字的词源还能学到元素、人与国家之间的关系。不如我们回到元素的特性上面？细看门捷列夫表，我相信你能自己发现一些有趣的数据。

给我一点儿时间……有了，譬如我发现在第 11 列里，金就在银下面，这还挺有道理的。但是银之前是铜，铜不是贵金属吧？

再说一遍，不是同一竖列的所有原子都具备相同的特性，只有上下相邻才具备类似的性质。铜与银和金具备的共性，使它们都是良好的电导体——这三种金属是最好的电导体。

我在第一竖列里面看到了钠和钾。让我想到了在化学里面看到的东西——啊对了，用钠可以做苏打，用钾可以合成氢氧化钾，这是两种相似的碱。

太棒了！你看，门捷列夫表可以给它们排一个顺序，让我们弄清楚不同原子之间的关系。你在互联网上能发现一些交互式的表格，可以让你探索不同元素的物理与化学属性（例如 www. ptable.com/?lang=fr# ou periodiquetableau.free.fr/ tableau.htm ）。

能详细说一下同一竖列里的元素都有怎样的共性吗？

大体来说，主要是一个原子可以与其他原子结成的联结，我们称其为"化合价"。比如，主族第 1 竖列和第 7 竖列的原子化合价都为 1，这解释了为什么可以形成 H_2，也就是双氢，更明确的图示是 H-H，还有盐酸 H-Cl。在第 15 竖行，氮的化合价是 3，这就是为什么会有氨气 NH_3。碳的化合价是 4，这就是为什么会有甲烷 CH_4，还有二氧化碳，就是著名的 CO_2（O=C=O），这种气体会在燃烧中产生，这两种气体是温室效应的最主要的两个罪魁祸首，温室效应会让地球温度升高。其他的元素更复杂一些，你在化学课上也会学到。我可不想替代你们的化学老师，我只不过是教给你一个大致的观念或者说是一个视角，我希望它能够帮助你学习或理解——学习和理解可不是一回事——我们教给你或者自学的知识——对丰富知识而言，自学不失为一种良好的方法。

门捷列夫表还有一处有些奇怪：每两行元素数量就会增加。除此之外，为什么表格在这里就结束了呢？我们不是能设想可以发现相对原子质量越来越大的元素，然后把它们都放到表格里来吗？

问得不错。即便我们常说门捷列夫表是个"周期表"，就像每一行上下对应元素的化学性质都会重复一样，"周期"这个表述并不十分准确。这个词的主要含义在于门捷列夫表中原子的位置可以预测原子之间的联结方式以及可能会发生的化学反应。预测本身就是科学法则的基本贡献不仅能解释什么存在，也可以预知什么不会存在。譬如，这张表让我们了解为什么 H_3O 和 C_2N 是不会存在的。如果我们继续了解原子的内部结构，就会更加明白门捷列夫表的重要意义了。

从原子到物质的状态

啊！我们终于要打破不能打破的原子了吗？

很快，但我还想强调一下十分丰富的原子理论——这里的原子是通常意义上的原子，不仅对化学如此，尤其对物理更是。因为原子理论非常出色地解释了日常物质具备不同状态的原因。

你想说物质的三种状态：固态、液态和气态？

具体说来正是如此。三者之间的差别很容易说明。普通说来，一个固体中的原子排布遵循严格的规律，原子与原子组成了规则的网状结构。举一个简单的例子，日常的食用盐，也就是氯化钠，其结构中的氯原子和钠原子在立体的网状结构的顶点上交替出现（图1）。固体的原子排布更加紧凑，它们只在固定范围内移动，这就保证了结构的牢固，所谓固体中的"固"。而在通过升温得到的液体中，譬如铅——你之前可能玩过？——尽管具备相互移动的足够的能量，原子之间的距离仍然较近。

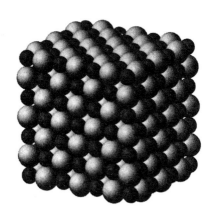

图1　氯化钠晶体

食用盐的晶体结构示意图。深色为氯原子，浅色为钠原子。

在气体中，原子可以自由移动是因为原子之间有很大距离。你立马就能明白为什么对同一种物质而言，固态时密度最大，而液态和气态时的密度小一些。例如，如果你在冰箱里放一瓶油，油总是从底下开始"结冰"，也就是从下面开始凝固的。

稍等……并不总是如此：冰块就会浮在水面上，这么说来，固态的密度就比液态小啦！

你真是哪壶不开提哪壶的小能手！说得不错，不过水是非常特殊的个案。水成为地球上存在生命最关键的物质并不是没有道理的，或许在其他星球上，水也孕育了具有生命的存在。设想冰的密度比水大，那么在冰川时代，在海洋和湖泊表面形成的冰会沉入底部，逐渐地，所有的水都会变成一块冰。在水中的所有生命都会被冻死，那么就不会有逐渐离开水从而征服陆地的生命了。我们的存在正是得益于水这种极其稀缺的特性。

真是不幸中的万幸！为什么水这么特殊呢？

要解释起来真不是件简单事儿，哪怕今天的物理学家知道这个特殊的性质，如果只告诉他们分子结构和分子间作用力，他们也想不出来这样的结构。你的明智判断倒让我感觉有些懊悔。自然的宝藏与精巧无边无际，如果说我们已经聊了最主要的一些，仍有许许多多的细节等待我们去发现，可能需要花费很久的时间。就水来说，我们可以过几年再来讨论。

打住！我还想问一下物质的三种状态。首先我不是特别清楚液态和气态之间性质的差异。在我看来，二者之间的差别是一种数量上的差别——与分子之间的距离有关，且不论分子的活动性如何——而不是性质上的差别。

这个观察非常棒，让我不得不详细地再说一说。你说得对。固态与液态之间的差别是绝对的，而液态与气态之间的差别则是相对的。从固态到液态，物体必须经历一个不连续的过程，也就是融化。但在从液态到气态的转变中，情况就有些不一样了。在通常情况下，这个转变需要经过沸腾的过程，但是也不一定。取一升水——然后，我跟你保证，接下来发生的事情并不是水才有的特殊现象。把水倒进一口锅里，然后加热。我们能看到，当温度接近100摄氏度的时候，水沸腾并化成蒸气。但假设你把同样的过程放在一个假设的星球上，那个星球上的气压非常大，比如说是地球上气压的300倍——要注意，金星上的气压已经是地球的100倍了——或者放进实验室，放进一个封闭的操作环境。那么你不会看到性质改变的过程，水不经过沸腾就能转变为蒸气，其间没有任何不连续的过程，这也就是说在液态和气态之间没有明确区分，只不过都是一种密度持续改变的液体罢了。

很难想象！可这该怎么解释呢？

很难解释……这个现象也是大自然里让人有些意外的过程，不过它并不少见，尤其是当我们不在常规条件下操作的时候。

那固态和液态之间的差异也是这样吗？不是说存在"液晶"吗？

当然存在了，液晶也是一个轻而易举就能模糊界限的案例。首先要注意到，存在一些普通意义上的固体，他们没有结晶从而内部形成规则的网状结构。例如玻璃，它实际上是一种黏度极高的液体。就液晶而言，从某种程度上说，这些物质既是固体也是液体，但是并不会打破二者之间界限分明的事实。想象一个物质，其分子十分细长，像针一样（18世纪最初观察到这个现象的人把它们形容成"鳗鱼"）。那么你很容易发现这些分子可以按照一些平行的直线排列，但是它们相对于直线的位置却是杂乱无序的。我们可以认为，这些物质从三维的某个角度看是液体，从其他角度看是固体。这些物体的某一部分可能存在排列规则的分子（图2）。在这个案例里，简单的原子构想很好地解释了这种情况，不过发现的时候也让物理学家们大吃一惊。

图2 液态的晶体

以上是几种分子排布的示意图，其中只有部分分子的排列是规则的。

测量原子？

你还没告诉我原子和分子的大小，也没告诉我它们的质量呢。

现在就告诉你。在说现代测量原子大小的方法之前，我先跟你说一个前人对一个有趣现象的观察，它能够帮助你非常简单地估计分子大小的数量级。这个故事要追溯到本杰明·富兰克林了……

发明避雷针的？

是同一个人，他是18世纪美国响当当的名人，自学成才，是印刷商、作家、发明家、博物学家、政治家和外交官！1750年前后，他注意到水手中间流传的一个说法，那就是把油洒到海面上，就能让波浪平静下来。

这也就是为什么当海面平静光滑的时候，就会说"大海平静如油"吗？

就是这样。富兰克林着手用控制的试验方法印证这个说法，他在小池塘的水面倒了一点油，看油在逐渐展开的过程中，能不能抚平微风吹起的小波浪。

这个方法奏效了吗？

是的，他的实验奏效了，不过不足以证明用同样的方法能驯服大海汹涌的波涛。不论如何，结果与我们关系不大，只有富兰克林描述的过程才跟我们有关，他说一茶匙的油，也就是5毫升，会扩张到"半英亩"的面积，大约两千平方米。你能大致算一算这一层油大约多厚吗？

小菜一碟，因为总体积，也就是茶匙的容量等于油层的体积，等于他的面积与厚度之积。所以，油层的厚度等于体积除以面积。

完美，那你算算看——当然是心算了，不许用计算器！

稍等，应该注意一下单位。体积，5 毫升也就是 5 立方厘米，如果我用立方米作单位，那么就是立方米的百万分之五，除以 2000 平方米。最好使用带指数的科学计数法，那就是 $5\times10^{-6}/2\times10^{3}=2.5\times10^{-9}$ 米了。原来如此！用我们的尺度能算出来一个这么小物体的厚度真的太神奇了，它的厚度是米的十亿分之一——这就是我们说的纳米吧？那这个故事里的分子都去哪儿了？

就在湖面上！好好想想。油扩散的面积越大，油层便越薄。油层可以一直变薄吗？

不行，因为我已经知道了物质的切分是有限的，这个观点正是我们的出发点。

很好。如果我说油层的厚度不会比分子的直径更小，你同意这个说法吗？

同意。啊，那我知道了，我们算出来的厚度一定比分子的直径大。那么分子的大小是纳米级的。

正是如此，你通过基础的运算和两个世纪半以前的观测方法就能得到分子大小的数量级。你说得对，这个计算方法只能得出一个上限，因为油层一定不会仅由一层分子构成。不管怎么说，分子很小，它的单位是纳米的十分之一。

那富兰克林知道这些吗？

不知道，由于他没有提这个问题，也就没有计算了，同时代的其他人也没有计算。这里能发现科学史的一个饶有兴味的侧面：许多科学观察要等许久才得以被理解、被阐释。单从富兰克林出发，这个事实还印证了，我们应该更加关注，尤其是在教学中，埋藏许多未知的、被忽视的宝藏的科学史。不论如何，你可以在家复制一遍类似的过程，你可以在面积更小的地方，例如在浴缸里滴一滴油——但这需要你的浴缸特别干净才行；你还可以在下面的网址找到一个视频，描述了控制更为严格的实验过程，不过你还是可以在家还原出来：www.youtube.com/watch?v=RpNfjYkMcxs。

那更精确的现代测量方法是什么时候出现的呢？

第一个估算出分子直径的人是德国物理学家洛希米特，时间是 1865 年。他借用了气体动力学的理论，其估算通过统计力学解释了分子的特性，分子的相关特性随后被苏格兰物理学家詹姆斯·麦克斯韦发展。你看，要想跟你再说说麦克斯韦又得打个岔。那我问你，最伟大的物理学家有哪些，你会怎么回答？

物理学的掌门人

当然有爱因斯坦啦，他肯定最有名，回想一下你之前跟我说的，我觉得还要算上伽利略和牛顿。

说得好，不过物理学的掌门人一共有四位。不过不懂物理的人对这第四位就不太熟悉了。

我猜是你刚说的麦克斯韦？

是的，麦克斯韦生活在 19 世纪，他不但拓展了气体动力学的理论，还提出了电磁理论，他的实验突破性地说明光也是一种电磁现象，并且分析了颜色感知的原理。麦克斯韦对其他许多领域都有研究，不幸的是，他在事业最盛的年纪英年早逝，享年48岁。他为人温和有礼，性格风趣幽默，在我看来难能可贵。

好吧，我想起来了，继续讲分子吧。

讲分子可绕不过麦克斯韦，正是他通过动力学理论向我们展示了气体黏度，也就是分子间相互作用导致的流层间的内摩擦力，取决于分子的大小。洛希米特用实验的方法研究了不同气体的黏度，通过黏度与分子大小之间的关系从而估算出分子的直径。我差不多就说到这儿，因为计算比较复杂，何况洛希米特估算的结果也并不十分精确。不过，这两位确定了分子直径的数量级，也就是负10数量级。随后几年出现了许多计算方法，使得估算越来越精确。这项工作是由让·佩兰完成的，他把这些计算汇集在专著《原子》中，这本书十分出色，于 1913 年出版——记住这个日期哦。

阿伏伽德罗常量

这些方法的细节就不用给我说啦，快告诉我结论吧。

总的来说，这些工作事实上确定了我们所说的阿伏伽德罗常量（或者根据德国人更准确的说法是，阿伏伽德罗–洛希米特常量），这个常量是我们生活的世界与原子世界的比例因子。你还记得在相同的压力和温度下，同等体积的气体包含相同数目的分子吗？我们把阿伏伽德罗常量定义为标准状况下一定体积的气体所包含的分子数量。这个体积是 22.4 升（小数点后面还有几位），条件是 0 摄氏度和 1 个大气压（这个压强单位对应大气对地球产生的压强）。

选这个体积也太奇怪了!

是的，不过这个体积是 2 克氢气的体积，氢是最轻、最简单的元素，这么看就没那么奇怪啦。之所以是 2 克而不是 1 克，可以参照我们之前说的二氢。这个体积是约定俗成的，而非出于方便的考虑。

这么说的话，那这个体积的气体里有多少分子呀?

当然有许多了: $6.022140857\cdots\cdots \times 10^{23}$——不过你可以也必须忘掉小数点后面的这么多位，我告诉你是为了让你明白现代测量手段的精确程度。这个常量值得记下来，如果你想记住的话，就简单地记下 6×10^{23} 就行。你明白这个数字有多大了吗? 试着把它换成常用的单位说说看。

23=9+9+5，那就是 6 万乘以 10 亿再乘以 10 亿。这个数字太大了，说是有这么多，不过我有点分不清楚，这和分子大小有什么关系呀。

马上就要说到了，你放心，计算分子大小不复杂。我们从分子质量开始。你现在知道的东西足够你估算氢气分子的大小了。

对，那就用标准状况下 2 克氢气除以它包含的分子数量，也就是阿伏伽德罗常量。我要是没弄错数量级的话，那就是 3.3×10^{-24} 克。看来没什么重量呀！

确实如此。那么我们就可以说，最轻的氢原子质量，也就是氢分子质量的一半，也就是 1.6×10^{-24} 克。那么，你现在可以得到其他分子的质量了，不过仅局限于气体，因为阿伏伽德罗常量告诉了我们宏观上给定体积的气体质量（与分子质量）之间的关系。

打个比方，因为氧气的质量是氢气的 16 倍，那么氧分子的质量就是 52.8×10^{-24} 克，水蒸气分子是其 9 倍，就是 29×10^{-24} 克。

同意，那大小怎么算呢？

用水来算。取 22.4 升水蒸气，那它的质量是……

……18 克，因为水蒸气分子质量是氢分子的 9 倍。

很好。现在取相同质量的液体状态的水，液体状态的水分子之间紧凑许多。那它的体积是？

由于 1 立方厘米水的重量是 1 克，那就是 18 立方厘米。

那在液态水中，每个分子所占的体积是多大？

那就跟算水分子质量一个方法，用它除以阿伏伽德罗常量就行了，我的结果差不多是 3×10^{-23} 立方厘米。

假设水分子是个球体，那这个小球体的直径有多少？

那就是给这个结果开立方根，也就是——需要留心数量级别弄错了——差不多 3×10^{-8} 厘米，或者说 0.3 纳米。

你看，这就是水分子大小的数量级。实际上，水分子可不是球形的，两个氢原子和一个氧原子组成了类似长音符（^）的形状，氧原子与每个氢原子之间的距离是 0.2 纳米。

我刚才还想问你能不能看见原子和分子，不过他们体积这么小，应该不太可能吧？

你错了！我们可以看见他们，不过我们观测到他们也就是不久之前的事。传统的光学显微镜只能看到比毫米低几个数量级，20 世纪 30 年代，人类第一次发明了电子显微镜（一会儿跟你说他们的工作原理），它们能够看到再小 100 倍的东西，直到最近，也就是 20 世纪 80 年代，"原子力"显微镜是一种纳米级的显微镜。因此我们才有这些让人印象深刻的原子和分子的图片。化学家们提出了很久的模型——你在学化学的时候能学到这些分子式——终于变成了真正的、具体的图像。很明显，这些工具……

纳米显微镜？

对，你也可以这么说！这些"纳米显微镜"十分精密，价格非常昂贵，短时间内是不会有便宜的型号让我买来作圣诞礼物送给你了。不过我倒是可以给你看看它们拍摄的图片（图3）。不仅如此，我们现在不但能使原子成像，还能够移动原子、操纵原子。你

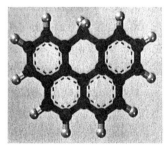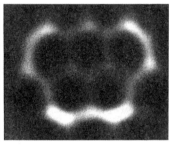

图3　奥林匹克烯分子

左图：这个分子模型图中的分子结构因为很像奥运标志的五环，所以被称为"奥林匹克烯"（学名没那么有趣：苯芘①）2012年恰逢伦敦奥运会，化学家们构想并合成了这个分子。较大的深色原子和较小的浅色原子分别是碳原子和氢原子。

右图：这是真正的奥林匹克烯分子的成像图。较为明亮的区域是通过相互作用形成化学键的电子云。奥林匹克烯分子的几何结构与化学家的构想一致。奥林匹克烯分子的尺寸在负9数量级，图片约为单词分子大小的10亿倍。

① 学名中没有"6氢-"。

70

还能在这个网址看到世界上最小的电影，它是真正意义上的"纳米电影"，画面里能看到我们分别操纵单个原子，phys.org/news/2013-05-ibm-world- smallest-movie-atoms.html。

好，不过现在，说真话，我想知道原子是由什么构成的。

抱歉，这是一个没有明确答案的问题，详细的对原子的研究才能说明。你知道，科学取得进步，通常不是通过为了回答研究者提出的问题，而是让研究者意识到有些问题没有意义，意识到它们应当被别的问题取代。一个譬如"这个问题是由什么组成"的问题，会让人用已知的物质作出回答：椅子是木制的、铁质的或是塑料的；杯子是……玻璃① 做的；衣服是

---

① 法语中 verre 既可以表示杯子，也可以表示玻璃。——译注

棉的，或是羊毛的。但这些物质，如果不是聚集的原子构成的，那是什么呢？原子的构成中不包括我们通常所说的"物质"。原子不是像玻璃球或者弹球游戏那样的小球，这两种小球的差别仅仅在物质层面。

但是，你之前跟我说原子不能再分了，那我们能把原子打碎吗？

可以，不过跟摔碎玻璃弹珠可不一样。原子的内部结构可不像宏观世界的物质，我们得赶紧熟悉它们才行。

原子里面有什么？

那我能不能问原子都是由什么构成的？

很好，这是相当不错的问法，我发现，你已经明白了在阐释新的现象时，言语所具备的重要性了。接着说，就像你可能知道的，我们首先知道的是在不同的原子里有电子。电子的发现要追溯到19世纪，当时的物理学家正在研究各种射线，譬如紫外线，X射线，等等。这些射线都在这些两端封有电极的玻璃管中，这些玻璃管也是老的电视机屏幕后面的电子管最初的样子——我们今天在家里的电视还能发现他们，不过当初这些电子管十分占地方。这些射线带电流，1896年，英国物理学家汤姆孙证明了这些射线实际上是带电的粒子束，也自然就把这些粒子称作电子了。人们很快发现，金属线中的普通电流实际上是电子按照金属线的方向移动造成的。电子是第一个被发现的基本粒子。

真的很基本吗？

根据我们在发现电子之后 100 年所知道的，确实如此。至今还没发现电子的内部结构从而认为电子有复合结构。换言之，如果你问我"电子是由什么构成的"，或许我只能回答你"电子是由……自己构成的"。我们说电子是一种带电的微粒，这个微粒就是"原子"一词在词源上的意思，这种带电微粒确实不能再分了。

一个电子有多大呀？

即便在原子的尺度上，电子都很轻。电子的质量大约是氢原子的两千分之一。

那它的大小呢？

这又是一个没有明确答案的问题了。我们可以认为分子具有几何结构，并且能够画出他们的图示——你之前也见到过，因此研究分子的大小才有意义，而且，原子大小的数量级大约是纳米的十分之一——虽然研究原子有特殊意义，但原子却不是小球！但对电子来说，电子的大小不再是通常意义上的概念。电子没有尺寸，它们分布零星，同时能占据空间中一块相当大的、没有固定形状的空间[①]。

哎呀，那就难办啦！

---

① 法语原著封面图示的第一个错误：在表示电子时不用小球，何况对电子来说也不存在颜色的概念。

是的，但我们后面还会回到这个话题。不管怎样我都不想掩藏问题的困难性，也不愿将事物过分简单化。总之，你要想到直到 20 世纪，最杰出的科学家们才可以构想并接受粒子世界的奇特面貌。不过也没什么好惊讶的：我们日常的想法是从我们与宏观世界的互动中产生的。如果说粒子的世界十分不同——粒子世界没有任何既定的理由一定要和我们认识的世界有相似之处——问题则在于要对它构建新的表述。如果科学家们的发现跟每一个人解释起来都很简单，那就没必要做科学研究啦！这个原因正是，科学跟其他伟大的人类活动一样，譬如体育、音乐，并不简单又能激发我们的兴趣。而且，我想跟你说的，并不是一股脑地把科学知识都教给你，而是向你展现科学的概貌、让你对科学产生兴趣。再过些时间，便由你自己决定要不要在这条路上走得更远。

我会努力记住这些话的。那这些电子都在原子里面吗?

是的,如果通过一些强制手段,电子就会从原子里面跑出来,方法之一是让它们在导线中流动,或通过加热、通过放在强光下让它们自己跑出来。

那它们如何一直保持待在原子内部呢?

通过电力。你知道有正反两种电荷,不同的电荷相互吸引吗?

是的,那电子的电荷是哪种?

根据 19 世纪初对电荷的规定,电子带的是负电荷。这个规定的确不是很巧,因为它意味着我们根据规定要把电流的方向规定为电子流动的反方向。不过适应一下就好了。

原子内部

所以说，原子内部有一些正电荷吸引电子，把它们留在原子内部吗？

人们很快就得出了这个结论，但还是要了解电荷的性质。最开始，人们以为电荷像果肉一样充满了原子，好比石榴里面的果肉，或是像布丁里面的葡萄干，这才有了汤姆生的构想图——当然啦，汤姆生是英国人 [1]。但是另一位英国物理学家卢瑟福和他的团队在 1913 年证明了实际情况并非如此，他们还证明了原子所有的正电荷都集中在一个非常小的核心区域。

[1] 英国人尤爱布丁，甚至从前菜到甜点都可以以布丁做主料。在英国，"布丁"一词基本上可以指代所有甜点。法国作者在此书小小地调侃了一下英国人。——译注

1913 年！怪不得你让我记住这个日期，那一年不就是佩兰出版讨论原子的书的那一年吗！

是的，因为有个非常有趣的现象，那就是在原子的存在最终被接受的时候，原子也失去了他们的"原子的"[①]性质，也就是不能再被分的性质，并且人们很快发现了它的内部结构。原子的质量和原子的电荷也是如此，它们基本上都集中在一个核心区域，就像我之前告诉你的，相比原子来说，电子非常轻，其质量只占原子质量中微乎其微的一部分。

这个核心区域，就是我们所说的原子核吗？

正是，我们将说到原子的构成。现在你记住这个

---

① 法语原文 a-tomique 属于文字游戏，atomique 意为"原子的"，而本书开头讨论原子词根时已经提到 tome 的词根表示"分割"，a-tomique 此处指 atome 一词最初含义，即不可再分的。——译注

原子核带正电并且集中了原子的大部分质量就行了，此外，原子核非常小，大约是原子体积的十万分之一，也就是负 15 数量级，从 1960 年开始，我们把这个数量级称作飞米[①]。

飞米的"飞"是怎么来的？

是因为，借用了拉丁语和希腊词根之后，也就是在表示毫米的 milli- 和纳米的 nano-，科学家们必须从其他语言中找到词根。负 12 数量级的皮米的 pico- 是从意大利语 piccolo 中借来的，意为"小"，然后科学家们转向了斯堪的纳维亚半岛的语言：在丹麦语中，femten- 意思为"十五"，atten- 意思为"十八"，这也就是飞米（femtomètre）中的"飞"和阿米（attomètre）中的"阿"的来源了。此外，核物理学

---

① 法语原书封面的第二个错误，相比原子，原子核非常非常小，如果原子有封面上画得那么大，那么原子核大约只有一微米，根本看不见。

家们一直把飞米称作"费米"，以此纪念 20 世纪杰出的核物理学家恩里科·费米，因此经常用他的姓氏首字母 f 来表示飞米。

（门捷列夫）表上的电子

所以，原子里面有多少电子呢？

发现原子的电荷属性带来了大量意想不到的发现。想象一下，一个原子的电子数量对应着这个原子的原子序数，也就是它在门捷列夫表中间的位置，门捷列夫表给每个元素都留了一个小格子。因此，氢原子有1个电子，氦原子有2个。

我来试试别的：碳原子有4个电子，氮原子有5个，氧有6个，氟有7个，氖有8个 [①]……我往表下

---

① 原文有误，碳原子有6个电子，氮原子有7个，氧有8个，氟有9个，氖有10个。

面跳一点：铁有 26 个，金有 79 个，铅有 82 个，铀有 92 个，后面的几个原子都有一百多个。为什么数不清了呢？

这倒不是电子的原因，如果有正电荷够高的原子核……这些电子一定会围绕在它的周围。不过这个问题应当问核物理学。

这么说来，表上的每一行该怎么解释呢？

是因为原子中的电子分布在不同的电子层上，这些轨道离原子核或远或近。每种原子的特性，尤其是与其他原子相互作用的特性，自然取决于最外层轨道的电子数。一般最外层轨道上只有几个电子，我就不把具体原因解释给你听了，因为涉及量子理论……

我经常听你说到这个，我就是想知道它究竟是什么!

我想让你有个大致认识,我怕这些知识还是过于基本了。

有个基础总比没有强。那这些电子层,又是什么呢?

说到轨道,第一层只能容纳两个电子,这也就是为什么表格的第一行只有氢和氦两个元素的原因。第二层可以容纳八个电子,以此类推后面的电子层,从第四层开始,电子开始一个个向内层排布,所以就有了从钪(21号)到铁(30号)的金属元素。我再强调一遍,关键是要理解原子的化学性质是由最外层电子决定的,不同的属性在门捷列夫表上划出了不同的区域。我就不再深入,不然快变成化学课了。

总的来说，原子，就是一个周围都是电子的核。

这可能是最概括的说法了。

那绕着原子核的电子就像是绕着太阳的行星吗？

这显然是我们知道存在原子核之后的第一个想法。正是在这个基础上，丹麦物理学家尼尔斯·玻尔于 1913 年在卢瑟福发现的基础上提出了原子理论。但是这些可能存在的轨道很难从经典力学的角度解释，而轨道理论能够很好地解释行星运动。玻尔的猜想至关重要，但有一些自相矛盾之处，人们很快发现应当彻底改变、发明另一种新的规则，这就是物理学家在 1920 年至 1930 年间提出的量子力学。

所以我们经常看到有些画着电子分布在原子核周围轨道上的图是错的咯？

完完全全错误！我已经告诉过你，电子不是普通意义上的小微粒，它们的运动不能通过轨迹表示 ①。有

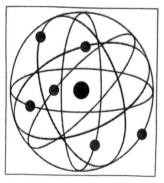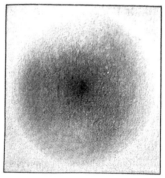

图 4　原子像什么？

左图：原子通常表示成被电子包围，这些电子在围绕着原子核的、明确轨道上运转，就像围绕恒星的行星一样。即便这个模型为最初的原子物理学家提供了一些借鉴，它也还是非常错误的。

右图：实际上，电子不是分散的小球，也不按轨道运转。相反，我们必须将它们想象成一个连续占据原子核周围一片或远或近的区域（我们经常说"电子云"），并在原子内部振动。

---

① 法语原书封面第三个错误：电子并不是按照类似圆形轨道的固定的轨迹运转。

一个较为正确的图像，上面是包围着原子核的电子云（图4）。这些电子云，正是我之前向你展示的分子图上所能看到的 ①。

_____

① 法语原书封面第四个错误：原子并不是边界很明确的小球，电子云占据的空间十分模糊。

波、分子和鸭嘴兽

那么，如果它们不是粒子，这些电子是什么呢？

我们马上就到了问题的关键！为了跟你解释，我会暂时把原子和电子放在一边，先来说一说光（希望它也能引起你的兴趣）。早些时候我曾告诉过你，笛卡尔、牛顿和他们的继承者把光想象成由小颗粒组成的。然而，从那时起就存在一个很大的问题，因为这种构想无法解释光的一些重要现象，譬如衍射和干涉，这些现象都是在光波叠加的时候产生的……光波叠加有时还会有黑暗。

为什么会发生这样的情况呢？

设想一下光线具有波动性，就像水面上的波浪。想象一下海中的大坝，海浪一直敲打着堤坝，而堤坝后面的水面却十分平静。如果在堤坝上打开一个缺口，水的运动将会扩散，并在港口的水中产生次波。在某个时刻，例如浮标漂浮的地方，我们将看到浮标随着波峰与波谷上下垂直浮动。如果堵上这个缺口，而另一个在其他地方开一个新的缺口，则会出现另一个波浪系统，也会导致浮标振荡，但不一定与第一种波同步。然后你可以设想在某个瞬间，第一个缺口会产生一个波峰，第二个也到达了峰值。如果同时打开这两个缺口，此时会发生什么？

第二个波峰将对第一个波峰进行完整的补偿，所以不会发生任何事情，浮标将保持不动。

正是如此。而且你看，两个波的组合，用更通俗的话说，可以让他们相互抵消（图5）。在某些情况

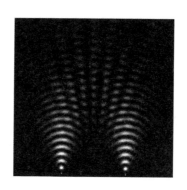

图 5　干涉

　　当两个光源（图中底部）发出光波叠加时，出现了一些光波相互加强或是相互补偿的区域，导致交替出现明暗区域（图上出现条纹差不多是垂直的）。

下，我们可以在光的现象中观察到：光＋光＝黑暗！

因此，在 19 世纪，由杨、菲涅耳等物理学家创造的

光的波理论，随即被接受并广泛研究，直到 19 世纪

70 年代，到麦克斯韦，这个理论才正式发展为完整

的理论。这个理论还能帮助我们理解为什么在许多通

常的情况下，我们所做的实验，"仿佛"光是由粒子

组成的，这些粒子沿着"光线"的方向直线移动：只

要光的波长——两个连续波峰之间的距离——与其表

征现象的尺度相比非常小就行了。

那光的波长有多长啊？

光的波长取决于颜色，对于可见光，它在 0.4 到 0.8 微米之间，你会发现与其他小尺度现象、譬如毫米级的现象相比，是非常小的。总而言之，在 19 世纪末，对于光的认识就像做完的弥撒一样没什么可说的了，所有的电磁辐射（紫外线、X 射线、无线电等）都被归入了波的范畴，如果我们倒退几年，这就是为什么我们在发现阴极辐射有（或似乎有……悬念①！）微粒性质时会非常惊讶了——因为它让我们把阴极射线也可以认作电子流。

---

① 作者在提到 19 世纪的光的波理论让人们已经穷尽了对光的认识时，用了"弥撒做完"的表达，此处的"悬念"（suspense）在宗教上也可以指对神职人员的停止处分，可见是作者对宗教开的一个小玩笑。——译者注

我猜你现在要跟我说，光的本质并不是波了吧？

是的，看来我没把悬念藏好。我们所说的光电效应引发了这个大事件。光电效应是用光或紫外线的照射金属板从而使其发射电子的效应，1887年海因里希·赫兹研究过这个现象。人们惊讶地发现，增加辐射强度不会改变发射的电子的能量，而只会改变它们的数量。爱因斯坦在1905年对此解释：根据他当时使用的拉丁术语（量子quantum，"有多少"），有必要将光视为由单个的光量子组成，每一个光量子能够让一块金属发射出一个电子。

就是从这些量子提出了后来的量子理论吧？

就是如此。在1900年，马克斯·普朗克已经假设这些量子存在从而解释一个非常重要的现象，即被加热物体发出的光的颜色根据温度的改变而改变。几千年来，铁匠们已经知道，通过炼铁的过程，铁的颜色会先后变成红色、黄色和白色。但热力学和电磁学的经典理论无法解释这个非常普通的事实，甚至得出了非常荒谬的结论，他们认为物体被加热的时候能够发出无限的能量！我想对你说的就这么多，这个话题把我们从原子上面岔了出去，我已经绕了太多弯子了。无论如何，爱因斯坦的贡献在于证实了普朗克提出的命题，让大家承认存在光量子，它们后来被称为"光子"。

那回到最初的话题，所以说光是一种粒子？

不，比这个结论更有趣。如果尽可能准确地用当代的理论来说，光既不是微粒也不是波动。但在某些特定条件下，这些特殊条件在19世纪末已经被研究完了，光有时只表现出波或者粒子的特性。

所以说，并不像我们通常说的，光子既是波又是粒子？

也不是一会儿像波一会儿像粒子。它具备另一种性质，依托我们的日常经验很难解释，只有对原子世界的探索才能够揭示它的性质。我想用一个类比启发你。设想你在 19 世纪初降落神秘的澳大利亚土地上。你会看到那里有未知的植物、奇怪的动物……

比如说袋鼠？

是的，但我想谈的不是它们。有一种生物相当隐秘，我们会在河流附近看到它们，是一种半水生生物。从正面看，它们有一个喙和蹼，让我们以为是一只鸭子。然而当它们跑开的时候从后面看，会发现它们有一层皮毛、四条腿和一条尾巴，像鼹鼠一样。

好，我知道了，鸭嘴兽。

肯定是鸭嘴兽啦！但当时的欧洲人从未见过，第一批英国殖民者看到奇怪的鸭嘴兽时十分惊讶，他们根据两个表征来命名这个物种：duckmole，即鸭子—鼹鼠（图6）。当然，仔细观察它们，可以发现它们既不是鸭子也不是鼹鼠，更不用说两者兼备了。所以我们要为新的动物发明新的名字——当然，当地语言

图6 鸭嘴兽

这种有趣的动物，从正面看有角质喙，看起来像一只鸭子。但从后面看，它的皮毛和尾巴看起来更像是一只鼹鼠。这就是为什么在英语中有时被称为 duckmole，字面上是"鸭—鼹鼠"。事实上它既不是鸭子也不是鼹鼠，而是有它自己独特的天性！

中已经存在对他们的称呼。我把这些名字都告诉你是为了好玩：oolloonamma，mallingong，boondaburra或 tambreet。请注意，根据原住民的传说，鸭嘴兽是由鸭子和水鼠交配诞生的，跟 duckmole 的说法差不了多少！

这些名字太有趣了，我要把第二个记下来，以后我的摇滚乐队就叫这个名字。所以你想让我明白的是，光子好比物理学上的鸭嘴兽，既不是其一（波）也不是另外一个（粒子），而是另一种东西。那就应该给这一类新的东西起一个新的名字。

你说得对，虽然物理学家长期满足于保留粒子的说法，但他们却在量子的意义上对它进行理解。我实际上认为，也不止我一个人这么认为，在教学和科普方面如果给出一个特定的名称会更清晰。所以有人提出了"量子"（quanton）的说法，这个说法不仅能让我们想起之前的量子（quanta），还和其他的专有名词一样都以"子"（-on）结尾：光子、质子等等……当然还有电子！

我终于明白你为什么要绕这个弯子了：你想跟我说的是，电子也是一种量子？

对，你现在就能明白为什么我们不能把他们表示成沿着轨道规规矩矩地环绕着像太阳一样的原子核了。

那我们是如何发现电子不是我们通常意义上的微粒的呢？

20 世纪 20 年代，法国年轻的物理学家路易·德布罗意提出一个绝妙的想法：长期被认为是波的光也具有粒子性，因此电子也有这样的二象性。德布罗意的 1924 年的假设，通过量化的方法进行验证，提出电子速度（粒子性）和它的波长（波动性）之间的关系。1927 年，电子的波动性通过衍射和干涉实验中的特殊现象得到了证明。人们用电子的这些性质研制出了电子显微镜，电子在电子显微镜原理中的作用，正如光子之于普通的光学显微镜。因此，电子，也就是一种量子的独特属性在量子理论发展的过程中被充分证明，量子理论的发展倚赖于 20 世纪 20 年代后几年的海森堡和薛定谔。但在介绍他们之前，我们稍事休息。

玻色子与费米子

我能把原子想象成一个水果，果核非常小而且非常硬，包围在一团非常纤细的、泡沫状的电子云中吗？

你的原子水果是什么味道？玩笑归玩笑，这个说法其实并不糟糕，但它仍然不能解释原子的所有特别属性。当你说"泡沫"时，你会想到我所说的电子"云"，它占据原子的大部分体积，并且非常轻。那电子云很"脆弱"，也就是说容易穿透吗？换句话说，"大部分都是空"的原子是我们一般意义上的透明的吗？如果是这样的话，两个原子相遇的时候，会发生什么？

它们会相互穿透直到原子核撞在一起。

没错。分子比它们要紧凑得多，质量也更集中。请记住，无论是在分子中还是在宏观世界的晶体中，原子之间的距离都是十分之几纳米，也就是原子本身大小的数量级，这意味着他们不会相互干扰。虽然他们的电子云有重合，但他们的总体积不会减少。

难道这不仅仅是因为相同电荷的电子之间相互排斥，从而阻止它们互相靠近吗？

想法很好……不过是错的。因为原子的每个电子，当它在"看"邻近原子时，不仅"感觉"它排斥它的电子，还能"感觉"原子核的吸引，这种吸引抵消了这种排斥。换句话说，原子的总电荷为零，因此让他们保持彼此分离的并不是电力。

那是其他的力喽？

不，它更微妙、更不寻常，同样来自量子的独特属性。一组相同类型的相同量子在一起时，它们完全无法区分[①]。因此（不巧的是，我目前还没办法跟你解释）我们区分出来两种量子，一是费米子（以费米名字命名，我们已经提到过），二是玻色子（以印度物理学家玻色的名字命名）。费米子非常敏感，有排他性：不能有两个一样的费米子处于相同状态。这就是我们所说的泡利不相容原则，它让费米子彼此远离——但不是用我们通常意义上的某种力。另一方面，玻色子非常合群，倾向于尽可能地聚集在一起。

一群玻色子在一起就像是一群……野牛，那么费米子就是孤狼？

---

① 法语原书封面的第五个错误：我们不能给电子画上不同的颜色，因为无法对他们一一区分。

我把这用动物作比的重任就交给你了——你最近看的西部片太多了。

所以说，电子是费米子，所以原子之间的电子云不会混在一起？

确切地说，是使得每个原子中的电子相互分开的泡利不相容原理，防止它们靠近原子核从而确定了原子的大小。如果详细讨论，我们发现电子的这种费米子性质也解释了不同电子"层"的存在，我们可以不断地填补这些电子层得到原子序数原来越高的原子，从而组成门捷列夫表。

好吧，但如果像电子云一样轻的原子彼此不可渗透，怎样才能穿透它们从而发现并研究原子核呢？

好问题。泡利不相容原理使外部电子极难穿透原子。但不同性质的量子，情况不一定如此。这就是卢瑟福研究原子核的方式。他用 α 粒子轰击薄金属箔。

这个小东西又是什么呀？

是氦原子核，我后面还会说到它们。这些粒子（当然是量子）实际上对原子中的电子不会发生作用，它们穿透金属箔的时候仅对其原子核排斥的电力作出反应。卢瑟福通过研究 α 粒子穿透物质时如何偏移，得出原子核存在的结论。所以你看，对原子来说，不可穿透性是一个非常相对的概念：原子对另一个原子或电子来说是"暗的"，但对 α 粒子或中子来说是非常"透明"的。

你已经解释了费米子，能用简单的例子说说玻色子吗？

可以，但并不是简单的例子：光子是玻色子。这就解释了光的许多属性。例如可以同时得到许多相同状态的光子，这也就是为什么激光的光束由光子组成，所有光子都严格地按照相同方向，并且具有相同的颜色。激光的发明是量子理论的直接应用，它来自爱因斯坦1917年的研究，但在20世纪50年代才得以实现。既然说到了激光，我要提一下，20世纪60年代我还是一名年轻的研究员。激光器当时还是科研设备，非常昂贵、笨重并且易碎。我们根本没有想到激光通过小型化和低成本能够大量应用于日常生活，譬如CD和DVD的播放器。

那霍格斯的野牛①，不好意思，是希格斯的玻色子，不久之前还在说它呢。

---

① 之前将玻色子（boson）比作为野牛（bison），希格斯玻色子（Higgs boson）与霍格斯的野牛（Hoggs bison）属于近音误用，另，Hoggs bison 也是英国一支乐队名称。——译注

所以，让我跟你说这个真是个难题。我们聊天结束的时候，或许再提上一句吧。

神奇的核物质

好吧，有点遗憾，那再说说原子。所以原子是被更小部分组成的，我们可以把它的组成部分分开吗？

完全可以。例如我们可以剥离原子中的电子，就是所谓的"电离"，因此我们得到了离子，也就是带电的原子，没有足够的电子来补偿它们的原子核电荷。

这么做的话，把原子砸开我们就造出了原子弹啦？

完全不是！通常所说的"原子弹"或"核电站"

与原子物理学无关，因为它不涉及原子中的电子，只涉及它们的原子核。应该把它们称作核弹或核电站。例如法国原子能委员会（CEA）与美国的原子能委员会（AEC）一样，名字中不合适的地方都是出于一些历史原因。原子的说法可以追溯到第二次世界大战，当时这个词被媒体青睐，因为它可能比核这个词更具科学含义。这个误解一直存在。事实上，原子弹是传统意义上的炸弹，只是成为"原子"而已，原因是其爆炸是由分子间反应引起的，这些反应只关乎原子中电子的特性，而与核没有任何关系。

现在你该跟我说说原子核了吧？

首先，我想请你注意核材料的特别属性。考虑其密度，或者确切地说是单位体积下的质量（一定质量与其体积之间的比）。由于固体或液体等普通物质由紧密堆积的原子构成，因此很明显，原子的密度与普通物质的密度大小相同，因此以克/立方厘米为单位。然而核的质量大致等同于原子的质量，但是直径大约是原子的一万（10^5）分之一。因此，原子核的体积比原子的体积小了一千万亿［10^{15}=（105）^{3}］，所以比它的密度大了一亿亿倍！这意味着一勺核材料——如果我们能够聚齐一勺的话——重量将达到几十亿吨，跟一座小山差不多。

最好别弄到脚上……

无论如何在地球上是不可能找到这样的物体的。不过注意，一些衰老的恒星会坍塌，并达到这种巨大的密度：设想太阳的质量聚集在直径几公里的球中……

那回到原子核，这种神奇的物质是由什么构成的呢？

鉴于原子的质量大约等于原子核的质量，我们已经看到，氧原子的质量是氢的 16 倍。由于氢原子是最轻的，所以把它的质量当做单位非常方便。按照这个惯例，氢原子的原子量为 1，氧原子的原子量为 16。你现在看一下门捷列夫表中的原子值，告诉我发现了什么。

首先，我发现你跟我说的数值不太精确。我看到氢的原子量是 1.008 而不是 1，而氧是 15.999。

先记录，我随后跟你解释这些小数点后面的数字，看看其他元素。

我看到氦是 4.003，钠是 22.990，金是 196.967，铀是 238.029。

没让你想到点什么吗？

当然有啦，这些数字非常接近整数。

这就是我想让你注意的。这个现象是很早以前由英国物理学家道尔顿（在此期间，色盲这个词就是根据他的名字命名的，即色觉的异常）在 19 世纪初观察到的。

我们怎么会对原子质量一无所知呢？

回想一下阿伏伽德—安培法则：相同温度和压力下，同等体积的气体含有相同数量的原子或分子。因此，这个法则足以让我们比较宏观世界中气体体积的质量，从而得出它们的原子或分子量之间的比。然后，通过比较不同气体和氢的质量比，道尔顿观察到——带着一些疑惑，原子和分子之间的质量比总是整数，不过这是那个时代所能达到的精确程度了。

核 子

譬如像氧原子是由 16 个氢原子组成的？

为了解释实际情况，确实是个合乎逻辑的想法，这个想法是英国化学家普劳特在 1815 年提出的。但是，既然我们已经知道原子的电子结构，我们就知道这个想法并不属实。然而由于原子的质量基本集中在原子核，所有的假设都针对的是原子核，因此想出氧原子的原子核是由 16 个氢原子核组成的。有一个问题，氢原子核，也就是所谓的质子（这个术语是由卢瑟福提出来的，它不仅包含了普劳特的名字，并且取自希腊语 prôtos，意为"第一"）带有与电子相反的同等电量，由于质子和电子在氢原子内部通过电力相互吸引，所以原子总体上是不带电的。因此，如果氧原子的原子核中有 16 个质子，那么就必须用 16 个电子中和，而不是按照原子数只有 8 个。氧原子原子核的电荷因此是其电子电荷的 8 倍。为什么会这样呢？

只需要假设在原子核内，除了 16 个质子之外，还有 8 个电子，加上电子云中间的电子，总共 16 个电子。这样一来就不会改变原子核的质量，而且能平衡电荷了。

这是一个很自然的想法，也是我们在发现原子核之后，早期核物理学的想法。但我们遇到了一个难题，量子理论提出的范论据表明，因为电子的质量非常小，我们不能够把电子约束在原子核这么小的地方。早在 1920 年，卢瑟福构想出一种类似质子的粒子，它和质子质量非常相近，但是不带电。1932 年，卢瑟福的学生查德威克回忆起这个构想，完善并解释了艾琳·约里奥-居里和费德里克·约里奥-居里的实验，总结出这个粒子的存在，这个粒子立马被称作中子。因此我们之前说的悖论不存在了，原子核被看作是由质子和中子组成的，质子和中子质量之和被称作原子的质量数[①]。与此同时，质子数等于电子数，即门捷列夫表的原子数[②]。

如果我跟上你的思路的话，氢的原子核有一个质子，氧原子中有 8 个质子和 8 个中子，因此它的质量为 16，而金原子有 79 质子和 118 个中子，因此它的质量值为 197。

你看，你已经完全掌握了。鉴于二者具有非常相

[①] 法语原书封面的第六个错误：原子核只有两种不同的量子，所以封面图示不同的颜色也是不合理的。

[②] 法语原书封面的第七个错误：原子核周围的电子应该与原子核内部的核子数量相同。

似的性质，尤其是质量和相互作用，我们认为质子和中子属于同一类别，称之为核子。

同一个格子里的不同原子核

那是什么让核子聚集在原子核内部的呢？既然不是电力，因为中子对电子不敏感，而且带正电的质子彼此排斥。那是引力吗？

哦不，引力在原子和原子核的量级上微乎其微，只不过是在星球之间比较明显。所以必须承认存在一种新的吸引力，它与电力与引力不同，它的名字也不需要太多想象，叫核……力。你马上就能看到，核力的强度非常高，因为它们远远大于核内质子之间的排斥力。但它们有一个特殊的属性，就是只能在非常短的距离内发生作用，跟电力和引力不一样。只有在距离小于1飞米的时候，核子才能"感觉到"其他核子，这也就确定了原子核的大小，解释了核力作用于原子的尺度，更不会在宏观尺度上发生作用。这也解释了为什么不存在具有任意质量数的原子核。实际上，两个核子之间的电排斥力，大约是核吸引力的百分之一，电排斥力存在于整个原子核中，而核力仅在相邻的核子间发挥作用。结果，排斥力的总体效应随着核子数量的增加而增加并最终超过核吸引力，这个情况让质量数远远超过100的、稳定的原子核几乎不可能存在。这就是门捷列夫表没有向后进一步扩展的原因。

我想再回到这个很有名的表和原子质量，因为我还有些疑惑。我刚刚提到这些原子质量并不是真正的整数，而且有些质量数也不是非常接近整数，例如氯是35.453，铜是63.546。

你正把我带到核物理学的细节里，但很有趣，也十分重要。一方面，中子与质子的质量并不完全相同，差异大约为千分之一。另一方面，对于原子来说，还必须考虑到电子的质量，大约是原子核质量的千分之一。最重要的是，由于中子和质子在原子核中结合在一起，这就意味着，必须提供能量才能将他们分离成单个核子。我不必花时间再细究了，你一定听说过爱因斯坦的著名等式 $E=mc^2$，这意味着质量和能量本质上是一回事。原子核相比独立的组成部分缺乏能量，也就是缺乏质量：其总质量小于组成原子核的各部分质量总和。我们把这个现象称作"质量缺陷"，它也是千分之一的数量级。这就可以解释原子核质量与它们质量数之间的差异了。

　　同意，不过这并不能解释氯和铜的质量数。

　　当然可以解释了。原因是一些原子可以有不同的原子核。当然，质子的数量对于每个元素是固定的，因为质子数量是其原子序数，它代表了每种元素的化学性质。但中子的数量可以略微发生变化。因此，18个中子的氯原子核外，还要加上17个质子，所以质量数为35；除此之外，还有20个中子的原子核，因此质量数为37。通常意义上的氯原子是这两种原子核的混合，因此它是中间质量。质子数相同、中子数不同的原子核被称为"同位素"，前缀来自希腊语iso，表示"相通"，词根也来自希腊语topos，表示"地方"，因为它们被放在元素周期表的同一格子里。为了区分它们，我们分别把它们标记为Cl35和Cl37。但你必须知道，即使它们因为外层电子具有相近的（化学）性质，两个同位素的原子也可以具有非常不同的性质。最简单的例子是氢，它有三个同位素：除了具有单个质子核的氢外，还有氘（或重氢）和氚。氘和氚的原子核分别包含一个和两个中子，因此表示为H2（或D）和H3（或T）。但是每一种化学元素都有同位素，下图的表格列举了最轻的几种元素的同

位素。（表2）

表2 同位素

质子数名称	0	1	2	3	4	5	6	7	8
6			C 8	C 9	C 10	C 11	C 12	C 13	C 14
5				B 8	B 9	B 10	B 11	B 12	B 13
4			Be 6	Be 7	Be 8	Be 9	Be 10	Be 11	Be 12
3		Li 4	Li 5	Li 6	Li 7	Li 8	Li 9		Li 11
2		He 3	He 4	He 5	He 6		He 8		
1	H 1	H 2	H 3						

中子数

该表中显示每个元素的轻同位素。每一行的质子数相同，所以在门捷列夫表上面只对应一个格子，每一列的中子数相通。元素符号后面的数字是它的核子总数，即质子数和中子的总和。例如，Li7的原子有3个质子（因此它是锂的原子核）和4个中子，因此总共有7个核子。

黑色标注的是稳定的原子核，灰色是不稳定的原子核，不同同位素的衰变模式和周期差别较大：H3（氚）具有半衰期（半数元素的原子核发生衰变所需要的时间），锂10的半衰期是4^{-22}秒，碳14大约是5730年（所以可以用于确定史前物品的时间）。

同位素除了解释质量数后面的小数点，还有其他作用吗？

它们的作用非常关键，因为据此我们可以谈到不稳定、会衰变的原子核，用我们通常的话来说，就是具有放射性的原子核。

放射性又是什么？

我正要告诉你，你还没提到过放射性这个词。它是原子核的属性吗？

一部分原子核才具有放射性，19世纪末，核物理学从贝克勒尔、皮埃尔和玛丽·居里发现一些矿石具有未知性质的辐射发展起来。多年来，人们已经知道这些辐射并不是来源于包裹着原子核的电子，并不像高温物理或阴极射线发出的光，而是来自原子核本身。因为人们发现，某些原子核不稳定，会在衰变的过程中发出射线。

那我们是如何观察到这个现象的呢？

这一切都取决于它们衰变的周期。有些元素需要花很长时间才能完成衰变，例如钾的同位素 K40 需要 10 亿年，或者铀 238 需要超过 40 亿年。这些数字是衰变所需要的平均时间，因此在一百多亿年之后，也就是我们所说的宇宙年龄，这些原子核仍然有很大比例处于最初的状态，并且我们能够在大自然中发现它们。但其他元素非常不稳定，譬如氧 15 衰变大约需要 2 分钟，还有更短的钋 214，它是百万分之四秒。即便后者在自然中不断地形成（例如在恒星的某些核反应中），也会立即消失。然而，它们可以在实验室制造出来，如 1935 年艾琳·约里奥-居里和费德里克·约里奥-居里的发现。我们经常说到人工放射性，但应该注意，在这种情况下，所谓人工本身不是放射性的，而是人工产生具有放射性的原子核！

　　这些放射性的原子核会放出哪些射线呢？

主要有三种：

·α 射线：它是高速运动的氦原子核的发射，氦原子核特别稳定，作为整体被驱逐出放射性原子核；

·β 射线：高速电子流；

·γ 射线：高能光子流。

我们后面将会继续讨论为何不稳定的原子具备这种或那种放射性。

好的，我感兴趣的是你跟我解释为什么这些射线是危险的，以及我们应不应该害怕辐射。

你暴露在太阳下已经有很长时间了，你知道光线中的紫外线有害于你的皮肤吗？

奶奶每次带我去海边的时候都要这么跟我说，不过她从来没跟我说过为什么。

这是因为构成紫外线的光子比可见光具有更高的能量，能够从原子云中射出电子——这里谈论的是电离辐射。紫外线通过打破化学键，破坏皮肤细胞的分子，从而导致某些类型的灼伤，更糟糕的是可能会引发癌症。一些放射性原子核发出的伽马射线的光子更加活跃，可以深层穿透人的身体，对人体内部组织造成损害。α 辐射和 β 辐射也是如此。

但我听说这些射线都被医学领域使用呢？

一切都是量的问题。如果射线的强度不是太强，如果能够将它们集中在非常有限的区域，我们就可以使用它们，譬如用它们击碎肿瘤。这种治疗方法被称为放射治疗，是 20 世纪初以来射线的第一个有益应用。

那我们现在能说说炸弹了吗？

可以，不过仍然只是个引论。之前告诉过你，原子核的质量数越高，质子间电排斥的影响越大，原子核就越不稳定。相反，在质量较小的原子核中，每个核子仅与少数其他核相互作用，作为内聚力的核力不能完全发挥作用，所以说这些原子核也比较脆弱。

如果我没理解错的话，最稳定的原子核应该是质量数在中间的那些？

没错。在门捷列夫表靠近铁的一侧有大约五十个核子的元素最坚固。所以你知道，通过将重核分解成较轻的原子——我们称之为裂变，或者通过将轻核组成较重的原子——我们称之为聚变，通过改变原子核结构的稳定性，从而获得能量。这种能量来源于核力，这才是真正意义上的核能。

链式反应

如何打破重核、获取能量呢？

正是这个问题！在 20 世纪 30 年代，物理学家已经清楚原子核的核心积蓄着大量能量，这种能量比通过原子与分子作用产生的能量更大，因为在后一种情况下，我们使用的是电力，正如我们之前看到的，电力比核力的强度小得多。然而，如果说科学家当时已经知道如何发生核反应以及打破原子核，所涉及的仅仅是几个原子核，所获得的能量在宏观世界微乎其微。就像你把碳原子与两个氧原子结合一样，所释放的化学能量非常小。宏观世界的碳和氧气结合起来才能发生真正意义上的燃烧，它们的燃烧释放出大量的热量。但在 20 世纪 30 年代，没有人知道如何同时打破大量的重核。核物理学之父卢瑟福则声称，那些认为自己能利用核能的人是美妙的梦想家。

然后呢？

这问题的解决方法来源于，用通过中子轰击重核产生核裂变反应中的观察结果，这个重核就是铀，这项实验是由德国物理学家奥托·哈恩和弗里茨·施特拉斯曼完成；也来源于对核裂变反应机制的了解，这项工作是由莉泽·迈特纳和奥托·弗里施完成的，在1938 年的头几个月，这两项工作已经全部完成。有一项关键的发现，与费米的假说一样，也就是在中子的影响下，重核会分裂成两个较轻的原子核，此外，还能释放出两到三个中子。我们可以想象的，在这些材料内部，这些中子又会导致两个或三个原子核的裂变，二次反应释放的中子又会导致新的原子核的裂变，以此类推。这是一个链式反应，像雪崩一样，能够释放大量的能量。由于原子核内部的作用力大约是原子间作用力的几百倍甚至上千倍，核反应释放的能量也是化学反应释放的能量的这么多倍。因此，核裂变的链式反应可能会引发比普通爆炸威力大百倍的爆炸。或者说，如果可以掌握并控制反应速度，就可以建造民用的能源工厂，在材料消耗方面，它比传统的燃煤发电厂效率更高。但是，从科学法则走向现实的过程中会遇到许多问题：聚集足够的裂变材料、减慢发射的中子速度、一些中子发射太快从而无法有效地触发裂变，等等。

炸弹的悲剧

1939 年的人们还有其他顾虑吧！

你可能没注意到，第二次世界大战爆发带来的威胁迫在眉睫，制造出巨大威力的新武器的可能性让物理学家感到十分担忧。别忘了，裂变反应是在希特勒统治的德国发现的。许多德国物理学家去了美国，但其他人——数量还不少——继续在纳粹政权下担任职务，其中有哈恩以及当时已经成名的海森堡。人们担心德国将成为第一个制造出核武器的国家，这些人是反纳粹政权的物理学家，大部分是移民美国的欧洲人，他们试图说服美国的领导人开展一项计划。其中一位，也就是匈牙利人利奥·西拉德，恳求爱因斯坦就此事写信给罗斯福总统，伟大的物理学家接受了他的请求，尽管他在此之前一直是和平主义者。于是，曼哈顿计划正式启动，1945年，该项目制造出了第一批核弹，投放在广岛和长崎。

炸弹是由物理学家造出来的吗？

无论如何，是物理学家负责并提出的构思，在这些顶尖的物理学家中，有一些是当时非常年轻的核物理学家。很少有人出于道德原因而拒绝参加这项计划。

那你呢，如果有人请你参加这项计划，你会怎么做呢？

我经常问自己这个问题，但没有清楚的答案。一方面，我倾向于认为我可能拒绝，但那是因为我在今天知道炸弹带来的可怕影响，以及几十年来核威胁如何加剧国际紧张局势——核威胁仍未结束。但另一方面，如果我回到 1939 年亲历纳粹入侵欧洲，我不知道是否能够承担德国军事霸权，也就是第一个拥有核武器带来的风险。话虽如此，不要以为炸弹是由基础研究实验室的一些闭门不出的科学家造出来的。

就像鲍里斯·维昂写的《原子弹爪哇舞》一样，歌词中"修修弄弄"的叔叔"在自己的板房里"造出了炸弹……

这些炸弹的"行动半径只有三米五"！事实并非如此，除了数百名从事设计炸弹的物理学家，曼哈顿计划发动了超过十万人参与制造，其成本超过 20 亿欧元。这实际上是一个工业计划，因为为了得到足够数量的核炸药、铀和钚，需要建造巨大的工厂。只有战时状态才能为如此之短的时间内花费这么多钱提供正当理由。目前我们不知道，没有这样的环境，民用核电站能否迅速发展起来。

　　如果我没有弄错你说的话，这些叫做 bombe A，也就是"原子"弹——不论名字对错——借助的是我们一直讨论的核裂变反应？那 bombe H 呢？

　　这些炸弹基于轻核的核聚变，大部分是重核的氢——因此以 H 命名。这个过程实现起来要困难得多，并且需要在非常高的温度——数千万度！——下让一些轻核发生反应，高温条件是为了让它们有足够的能量从而相互碰撞并发生聚变反应。

　　几千万度？怎么做到的啊？

　　用核裂变反应引发的。

我们想象一下，如果核聚变反应诞生在和平世界，那现在会怎样呢？

不管怎样，我们可以设想一种乐观的情况，也就是核能发展的问题从一开始就是在国际层面提出来的。例如，物理学家首先决定公布有关核能释放的原理和方法等信息。政府被警告将这种能量用于军事的危险，并在联合国主持下召开国际会议，达成一项条约，所有国家都承诺放弃制造核武器。民用的核电厂开发项目由国际机构监督，从一开始就对其安全性和盈利点进行仔细核查。话说回来，在20世纪70年代的国际局势下，大部分国家签署了旨在限制和减少核武器、并防止其扩散的国际条约，有效地降低了核战争的风险。2010年，美国和俄罗斯各自只有大约1500枚核弹头，而这个数量在1980年的单位是万。但是，除了英国、法国和中国（各自拥有几百个核弹头），核俱乐部还加入了印度、巴基斯坦和以色列，或许还有朝鲜。鉴于21世纪初的国际紧张局势，我们没有理由掉以轻心。

我斗胆向你提一个有点争议的问题……

但说无妨。

问题是：为什么核弹比传统炸弹更可怕、更吓人呢？

你提的这个问题完全有道理。事实上，考虑到第二次世界大战期间盟军对德国和日本的轰炸，譬如在德累斯顿、汉堡或东京，短短几个小时造成上万人死亡，回想起在广岛和长崎的核爆炸事件，我们有时会低估核弹的特殊性。然而，这些事实不足以让"核弹"像"其他武器一样"。第一个原因是广岛和长崎被裂变炸弹摧毁。现代核战争肯定会使用氢弹，这种炸弹的强度可能高达 100 到 1000 倍，破坏性难以想象，传统的化学炸弹和它们无法比较。

你的意思是二者之间存在差别？

是的。首先是不对称效应。

常规轰炸需要数百架轰炸机——譬如轰炸德累斯顿需要一千多架轰炸机，而单架飞机、火箭甚至卡车便可以携带核弹头，这使得军事装备较差的国家可以使用这种炸弹，甚至是拿到核弹头的恐怖组织。其次，传统轰炸的受害者基本上在爆炸期间死亡（震荡、粉碎）；然而许多核爆炸的受害者死于副作用，例如火灾的烧伤和辐射引起的灼伤，有一些影响要在辐射之后的很长时间才能表现，甚至会影响下一代。所以你看，如果我们对武器恐怖等级排个序列的话，核武器比常规武器更不人道。

说到底，动动耳朵就能猜到了！

你想说什么？

这些都是没"铀"人性和"钚"人道 ① 的做法。

说法不怎么高级，不过还行，最起码你理解了。

这不都是因为科学嘛！

　　更准确地说，是因为它是由没有控制侵略冲动的人类开发并使用的科学。核武器的最后也是最基本的特征可能在于，它是一种科学发现的直接应用，科学家们要对这个科学发现负责。当然了，第一次世界大战期间使用的气体基于化学，航空基于空气动力学。

---

① 法语原文是 ura-nie-homme 和 pluto-nie-homme，他们的发音与铀（uranium）和钚（plutonium）相同，属作者的文字游戏。——译注

我们很容易找到更为古老的科学技术知识在军事方面的应用实例。但科学与破坏之间的联系，从来没有像核武器一样那么紧密，这使我们进入了一个全新的、风险永存的历史时期，在这个历史时期，风险不仅仅关乎物理学，还有化学、生物学，等等——甚至包括人文和社会科学。我们离题越来越远了。

和平的核能？

是的，快跟我说说让人安心的事情吧，我想听听核电站里面用于公共用途的核能。它们的原理是什么？

对于现有的核电站来说，它们的原理与裂变弹相同，依赖于裂变材料如铀或钚的中子裂变，二者的本质区别在于能够减缓并控制链式反应。这使得核电站反应堆的能量可以一点一点地被释放出来。

然后直接生成电吗？

完全不是！释放的能量主要是以热量的形式，热量增加了核反应堆核心的冷却水的温度。热交换器将这些热量传递给二次回路，二次回路中的水变成蒸汽、转动涡轮机、带动交流发电机，最终产生电力。

为什么要这么多的中间步骤？

因为我们只能这么办！实际上，核电厂的运行方式与旧的燃煤或燃油发电厂完全相同，只是用核聚变反应而不是化学燃烧反应来生产热水。核电站乃是大的烧水壶。

那有什么优点吗？

主要来说，人们不需要提取、运输大量的煤或石油。核电站的核心包含几十吨裂变材料，在几年的时间里逐步替换，而同等功率的煤电厂每天消耗数千吨煤！其次，长期以来人们一直认为核能的成本会

降低，一直降到比其他能源价格更低，但事实并非
如此。

那劣势呢？

第一是辐射的风险，这种风险有两种形式。首
先，你一定听说过两个最为严重的核事故：2011 年，
日本福岛核电站因地震和海啸遭到破坏；1986 年，苏
联切尔诺贝利核电站因人为失误发生爆炸。在这样的
事故中，高放射性物质散布于整个环境中，放射性
一直威胁着居民，有时甚至扩散的距离非常远。其
次，即便核电站正常运转，它产生的核废料——其
中包括废弃燃料和因老化必须拆除的核电站的建筑材
料——中有一些具有非常高的放射性，需要长时间储
存，储存时间甚至可以长达数千年，储存它们的地方
也有非常高的潜在危险。但核能使用也带来了其他问
题：可用的裂变材料数量有限，而且往往需要从政治

和经济局势不稳定的国家进口，还有，民用核技术被用于军事用途所带来的风险。

那我们是如何在不同来源的能源中进行选择的呢？

主要是看谁的有害影响少：核能对周边环境的短期污染较少，特别它产生的二氧化碳要少得多，二氧化碳被认为是全球变暖的主要原因。但放射性的核废料发生故障或积聚所带来潜在风险相当大。热能在技术上更容易实施，对于燃料产量高的国家（例如中国的煤炭）来说具有经济上的优势，但其正常运行造成的污染更多。

我听说，我们能够控制核聚变，它就能带来更经济、污染更少的能量？

这是一个老想法了，半个多世纪前，我就听说有人宣布将在未来几年内实现！但掌握聚变的技术——换句话说，就是驯服氢弹——在可预见的未来还不可能实现。没有人能预知其成本或新的风险。

那我们说的可再生的能源呢？

毫无疑问，使用水电——用水坝和瀑布发电，太阳能、风能、潮汐能对环境的威胁要小得多，主要是对人类的威胁要小得多。目前利用这些能源的技术，还不能以有竞争力的价格满足不断增长的需求。

那我们该怎么办？

我们应该尝试提高各种生产能源方法的可靠性、安全性和营利性。我们首先应该生产更多的能源，而不是消耗更少的能源：优先考虑公共交通、做好住宅建筑的保温隔热、减少货物流动尤其是食品在全球的流通，等等。这是我们留给你们这一代人的沉重负担！

最后谈谈夸克

说了这么多，我们离原子的概念已经很远了！回到原子，如果说化学家们眼中的原子不是不可分割的，我们可以说组成它们的电子和核子，最终可以被认为是真正的"原子"？

至于电子，我们现在可以认为它们是基本粒子，没有更基础的组成部分了。核子的情况则完全不同。20世纪30年代，我们认为通过电子、核子和光子在组成物质的要素清单上找到了最基本的简单组成，然后很快就要在这个序列中加上在 β 射线中伴随电子发射得到的中子，中子不带电、很轻。但人们很快就失望了。我们看到，粒子加速器中的核子碰撞越来越猛烈，可能产生很多至今没有被猜测过的、寿命极短的粒子。20 世纪的中间几十年，我们大量发现了这类粒子，称为介子和重子，我就让你把它们比作动物了。核子只是几十种同类粒子中的特殊情况；核子是最轻的性质解释了它们在原子核中的稳定性，也解释了它们的普遍存在。

但是，我们能不能像门捷列夫的元素周期表那样，在混乱的粒子中找到一个顺序，并对这些粒子进行分类？

这当然是理论家们一直想做的——并且成功地实现了。

像门捷列夫一样，对粒子的分类加深了对原子内部结构的理解，使他们能够了解这种丰富的"混乱"——用你的话说——理论家们假设这些粒子都是由一些基本单元构成的——这就是著名的夸克，三个夸克结合在一起形成了核子。

说到这个，为什么取了一个德国奶酪的名字？

哦，这是发明者开了一个自命不凡的玩笑，他引用了爱尔兰作家詹姆斯·乔伊斯的一个神秘的句子。乔伊斯在他的书里写到"三个夸克"，不过夸克的名字与奶酪毫无关系，似乎意味着"一杯酒"——对粒子的名字来说还不错。你看，物理学家的想象并不总是非常出色——跟大自然恰恰相反！

你的意思是？

我的意思是，夸克表现出一些非常特别的性质，值得取一个更巧妙的名字。

都有什么性质呢？

主要来说，它们不能再分，也不能单独分开。换言之，如果说一个核子包含三个夸克，我们不能把核子砸开得到单独的夸克，不能像原子核一样得到单独的核子。

如果我们用力撞击击穿它呢？例如用一种能量非常高的粒子轰击核子？

这些粒子的能量没把核子击碎，倒是产生了其他的夸克，这些夸克总是三三两两地聚在一起。

这让我想起了我们在课堂上学到的磁。拿一个磁棒并将其分成两半，我们希望把它的北极和南极分开，事实上我们得到了两块磁铁，每个都有一个北极和一个南极。

这个比方不错，不过它只是个类比。无论如何，我们今天已经发现了最基本的粒子的简单分类法。一种是夸克，它受到强核力的影响。另一种是轻子：电子、中微子和它们的近亲。此外，这两个大类之间存在一种奇怪的、让人误解的对称性，每个大类都由三个家族组成，这些都是费米子。接着有一种量子能够传递引力，也就是全部的玻色子：作为夸克中间态的胶子、光子及其光子家族，它们传递电力和 β 衰变中的弱作用力。最后有单独一类，就是著名的希格斯玻色子，它与所有其他粒子相互作用从而获得。

粒子有质量？所以希格斯玻色子跟引力有关系？它的引力和我听说的引力子有什么关系？

没有关系……希格斯玻色子的原子太复杂了，我无法向你解释，它涉及物体的质量，与引力是两套体系。引力子——如果存在的话——是一个携带这种力的粒子。但基本粒子层面的引力如此之小，以至于目前仍然没有观测到，并且我们现在远没有彻底掌握这个层面的理论。我们最好先就此打住。

你说的这个"较为简单"的分类，倒是难住我了！

可以看这张图（表3），它能帮你梳理得更清晰。

表3　粒子的分类，从夸克到原子

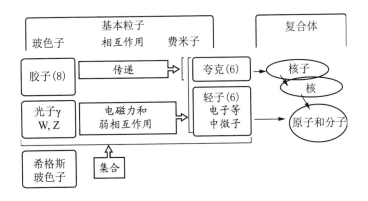

接下来呢？

所以说，这些粒子就是现代的、词源意义上的"原子"，是物质的终极组成单位？但如何确定夸克本身不是其他粒子组成的？你没发现这个俄罗斯套娃的游戏有点单调吗？

没人可以回答你的问题并保证夸克或轻子是真正的"原子"，即物质的基本单位。倒是一些物理学家这么认为，他们相信我们已经到达了物质最基本的层面。就我而言，我更愿意相信大自然具有无限的丰富性，并且我们将永远发现新的——也许确实是亚夸克的粒子——甚至让人称奇的物体。因为，不，游戏并不是很单调：与俄罗斯套娃不同，物体不同层次的组成部分——原子、原子核、核子、夸克——每一个都是真正的惊喜盒子，每一个容器和里面装的都不相似，每一层都有非常独特的性质，这就是我想告诉你的。更别说还有一些我们尚不了解的形式。

你想说的是？

天体物理学家通过观测大尺度的宇宙结构，在过去的二十年中发现了其中有一些与我们从已知天体物理（恒星、行星、星系间气体的等）得出的理论并不相符的地方。通常对这些事实的解释是，存在一些数量非常多——远远多于已知物质的）看不见的物质（它被称为"暗物质"，但最好说它是透明的）。在我们刚刚说过的这些原子和粒子之外，可能还有许多东西！或许，我们用来分析观察结果的理论将发生彻底的改变。不论如何，你都看到物理学家仍然有许多工作要做。

或许是有新的奶酪要涂在面包上？我希望自己能够见证这些新的发现！

为什么不是致力于新的发现呢？我倒是希望，有一天能听到——或许我看不到了——你到了我这个年纪，跟你的孙子、孙女说说从现在到那时的人类发现！

致　谢

感谢皮埃尔·阿布苏安、露丝·卡尔诺伊、诺亚·因贝尔、米歇尔·勒·贝拉克、西蒙·马尔莫拉、阿纳托尔·帕尔、巴提斯特·塞尔马热，柯莱拉·泰斯塔尔的认真阅读，感谢他们的意见与建议。

感谢布吕诺·兰之瓦尔关于门捷列夫表细节的工作。

尤其感谢苏菲·吕里埃，感谢她的倾情相助。